Khushal Kapadiya
Jyoti Gohel

Algumas teorias básicas e aplicações práticas do funcionamento das unidades

Khushal Kapadiya
Jyoti Gohel

Algumas teorias básicas e aplicações práticas do funcionamento das unidades

ScienciaScripts

Imprint
Any brand names and product names mentioned in this book are subject to trademark, brand or patent protection and are trademarks or registered trademarks of their respective holders. The use of brand names, product names, common names, trade names, product descriptions etc. even without a particular marking in this work is in no way to be construed to mean that such names may be regarded as unrestricted in respect of trademark and brand protection legislation and could thus be used by anyone.

Cover image: www.ingimage.com

This book is a translation from the original published under ISBN 978-3-659-86615-9.

Publisher:
Sciencia Scripts
is a trademark of
Dodo Books Indian Ocean Ltd. and OmniScriptum S.R.L publishing group

120 High Road, East Finchley, London, N2 9ED, United Kingdom
Str. Armeneasca 28/1, office 1, Chisinau MD-2012, Republic of Moldova, Europe
Managing Directors: Ieva Konstantinova, Victoria Ursu
info@omniscriptum.com

Printed at: see last page
ISBN: 978-620-8-55333-3

ÍNDICE DE CONTEÚDO

PREFÁCIO

Quando entrei para a RK. University, percebi que o aluno precisa de um conhecimento específico e completo sobre um determinado tópico em uma única plataforma que dê uma ideia geral sobre esse tópico e seja útil em sua carreira industrial.

Neste livro descrevi várias operações unitárias e as suas aplicações na indústria que são atualmente utilizadas na maioria das indústrias farmacêuticas. O objetivo é resumir o conhecimento básico das operações unitárias que é mais aplicável nas tendências actuais, pelo que nos concentramos principalmente em alguns tópicos avançados das operações unitárias.

Na parte relativa aos instrumentos, descrevi o funcionamento de vários instrumentos utilizados nas operações unitárias com o seu diagrama modificado, que é fácil de compreender por todos os químicos da forma mais simples.

Este livro é utilizado principalmente para estudantes de mestrado e de licenciatura que podem resumir as aplicações e utilizações de vários tipos de operações unitárias e podem aprender a teoria adequada.

Este é o primeiro livro que fornece conhecimentos básicos sobre algumas operações importantes da unidade num único volume e este tipo de livros não está disponível no mercado.

AGRADECIMENTOS

É um momento de gratificação e de orgulho olhar para trás com um sentimento de contentamento pelo longo caminho percorrido, poder recuperar alguns dos bons momentos, poder pensar no número infinito de pessoas, algumas que estiveram comigo desde o início, outras que se juntaram a mim em alguma fase da viagem, cuja bondade, amor e bênçãos me trouxeram até hoje. Quero agradecer a cada uma delas do fundo do meu coração. Por conseguinte, antes de mais, inclino a minha cabeça humildemente perante **o Deus** Todo-Poderoso **Shree Swaminarayan** por me ter tornado muito capaz de adotar e concluir esta importante tarefa.

O autor expressa a sua sincera gratidão à Escola de Ciências, RK. University, Rajkot por ter dado facilidades, ao Department of Chemistry, Saurashtra University, Rajkot e também à Lambert Academic Publishers por ter dado a oportunidade de publicar este livro através da sua estimada editora. Sinceramente grato ao Prof. Mayank Pandya por me ter dado a oportunidade de escrever este livro na SOS e pelo seu apoio desinteressado. (Obrigado, Diretor)

Agradeço do fundo do coração aos meus pais, à minha família e também à minha mulher, Heena, e à sua família pelo apoio que me deram em todas as fases da minha vida.

O autor agradece muito às pessoas que o encorajaram e apoiaram a escrever este livro. Agradeço sinceramente aos meus colegas e professores da SOS que me inspiraram a escrever este livro. (Obrigado equipa SOS)

Por fim, muito obrigado a todos os que, direta ou indiretamente, se relacionaram com este livro.

Operações da unidade industrial

DEFINIÇÃO:

Um processo unitário é uma etapa básica de um processo que envolve uma alteração física, como separações, cristalizações, evaporações, filtrações, polimerizações, isomerizações e outras reacções.

Trata-se de um processo primário em que apenas ocorrem alterações físicas.

TIPOS DE OPERAÇÕES UNITÁRIAS:

Teoria e aplicações de:

1. Destilação
2. Absorção
3. Extração de líquidos
4. Secagem
5. Filtragem

Destilação

1.1 DEFINIÇÃO:

É um processo de separação de uma mistura líquida com base na diferença do ponto de ebulição de mais de dois componentes da mistura.

1.2 VÁRIOS TIPOS DE DESTILAÇÃO

Destilação simples

Destilação molecular

Destilação por vácuo

Destilação por lotes

Destilação contínua

Destilação Flash

Destilação fraccionada

Destilação Azeotrópica

1.3 PONTO DE EBULIÇÃO:

É definida como a temperatura à qual o líquido é convertido em vapor.

Ou

Temperatura à qual a pressão de vapor do líquido está em equilíbrio com a pressão da atmosfera (1 Atm/760 bar).

1.4 PRESSÃO DE VAPOR:

É definida como a pressão exercida pelo vapor do líquido na parede do recipiente.

1.5 VAPORIZAÇÃO PARCIAL E EVAPORAÇÃO PARCIAL:

A condensação parcial ou evaporação parcial é uma operação utilizada quando a mistura de alimentação (mistura reacional a separar) é constituída por diferentes espécies químicas que têm diferentes tendências para condensar ou evaporar de acordo com os seus pontos de ebulição.

Ao adicionar calor à mistura de alimentação líquida, uma parte do componente evaporar-se-á. Assim, ocorrerá a vaporização parcial.

Os vapores com menor densidade sobem para a coluna de fracionamento e o líquido remanescente vai para o fundo com maior densidade.

Ao remover o calor da mistura de alimentação de gás, uma parte do componente irá condensar e, assim, ocorrerá a evaporação parcial.

O líquido que tem tendência a ir para o fundo da coluna de fracionamento e o vapor que tem tendência a ir para o topo da coluna de fracionamento.

Os componentes que têm maior volatilidade (tendência para se converterem em vapor) evaporam-se mais rapidamente e têm tendência para subir na coluna. O componente com menor volatilidade permanecerá na parte inferior da coluna.

1.6 DEFICIÊNCIA:

O principal problema com este tipo de separação é que os componentes que têm uma baixa volatilidade tornam-se bastante difíceis de separar e a solução para este tipo de dificuldade é a destilação fraccionada.

1.7 ALGUMAS LEIS:

1. Lei de Dalton da pressão parcial:-

Afirma-se que a pressão exercida pela mistura de gases não reactivos é igual à soma das pressões parciais dos gases individuais.

$$P_{total} = p_1 + p_2 + p_3 + \ldots$$

2. Lei de Routs:

A pressão de vapor de uma solução ideal depende diretamente da pressão de vapor de cada componente químico no seu estado puro e da fração molar do componente na solução.

$$P \alpha \chi$$

$$P = P^o \chi$$

Onde: P - Pressão de vapor de qualquer componente da mistura

P^o - Pressão de vapor de qualquer componente no seu estado puro

χ - Fração molar

3. A lei de Henry:

A temperatura constante, a quantidade de um determinado gás que se dissolve num determinado volume de líquido é diretamente proporcional à pressão parcial do gás em equilíbrio com esse líquido.

$$P \alpha \chi$$

$$P = K_H \chi$$

Onde χ - fração molar

KH - Constante de Henry

1.8 MÉTODOS DE DESTILAÇÃO PARA MISTURAS/SISTEMAS BINÁRIOS:

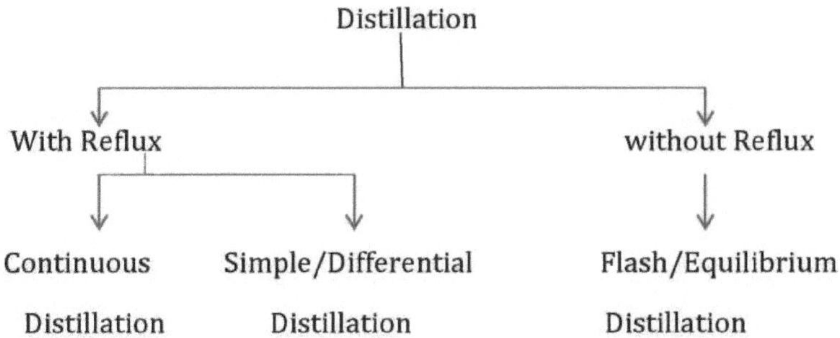

1.9 REFLUXO:

Quando os vapores da coluna de destilação são recolhidos, condensados e uma pequena porção é reintroduzida no recipiente que contém a mistura, o processo é designado por refluxo.

1.10DESTILAÇÃO SIMPLES/DESTILAÇÃO DIFERENCIAL:

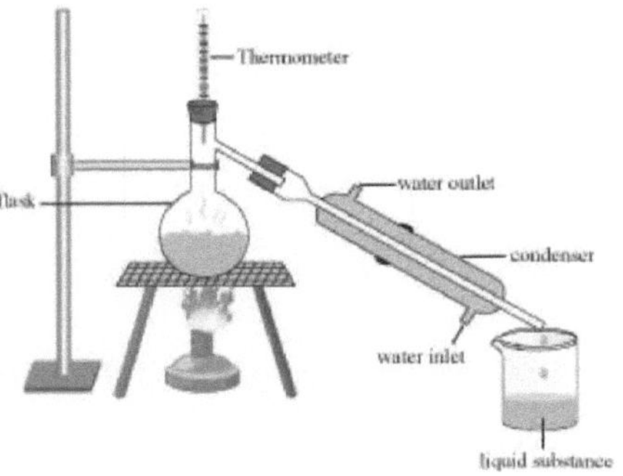

Figura 1: Diagrama clássico de destilação simples

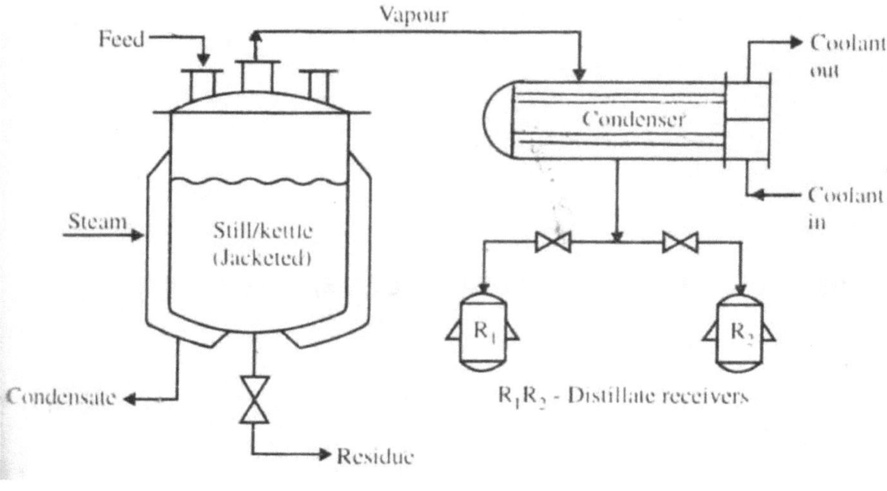

Figura 2: Diagrama esquemático de uma destilação simples

Como mostra o diagrama esquemático, uma certa quantidade de alimento líquido é carregada numa camisa (alambique ou vidro). O alambique encamisado é fornecido para aquecer a alimentação.

A carga é fervida lentamente, formando-se o vapor que é recolhido no condensador.

O condensador condensa o vapor para formar líquido e é recolhido para o recetor.

A primeira fração contém o componente mais volátil e a destilação prossegue, o componente menos volátil é vaporizado e, finalmente, o componente menos volátil é recolhido do fundo da camisa do alambique como resíduo.

Balanço de massa global:

$$(F) = D + W$$

Balanço de massa de uma substância mais volátil:

$$F \cdot X_f = D \cdot X_D + W \cdot X_W$$

Em que X: fração molar do componente

1.11DESTILAÇÃO FLASH/DESTILAÇÃO DE EQUILÍBRIO:

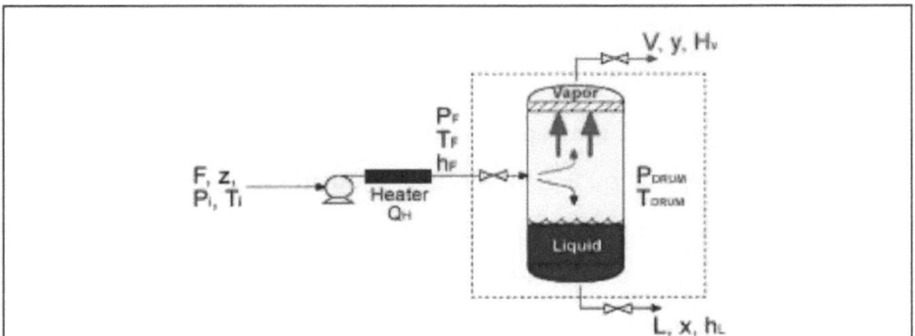

fig.1

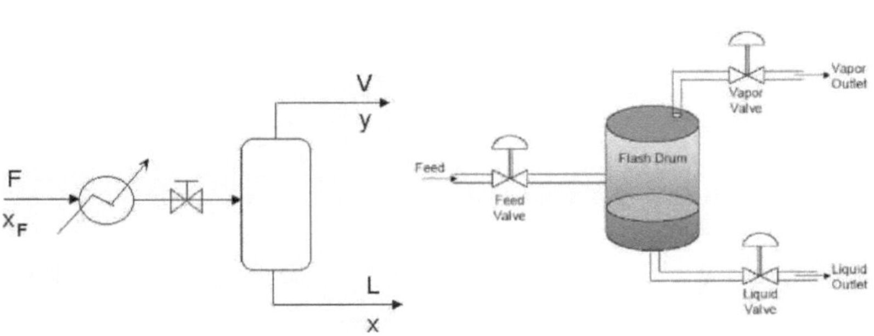

Figura 3: Diagrama da destilação flash

Onde:

F: fração mássica da alimentação (mol/h)

x_f: Fração molar do alimento

PRV: Válvula redutora de pressão

V: Caudal mássico do vapor (destilado)

Y: fração molar do vapor

L: Caudal mássico de líquido (resíduo)

X: fração molar do líquido

A destilação flash é normalmente efectuada de forma contínua. Neste método, a mistura líquida é parcialmente vaporizada; o vapor e o líquido atingem o equilíbrio e são finalmente retirados separadamente.

A alimentação é aquecida num permutador de calor tubular. A mistura líquida quente é então alimentada a um separador através de uma válvula redutora de pressão (PRV), através da qual a pressão é reduzida e o vapor é formado adiabaticamente à custa do líquido. O líquido é retirado do fundo do separador e o vapor em equilíbrio sai do separador pelo topo, sendo depois liquefeito num condensador.

A destilação flash é normalmente utilizada na indústria petrolífera, lidando com sistemas multi-componentes nas capacidades de tubagem.

Balanço de massa global:

$$\mathbf{F = V + L}$$

Balanço de massa dos constituintes mais voláteis:

$$\mathbf{F \cdot X_f = V \cdot Y + L \cdot X}$$

1.11DESTILAÇÃO FRACCIONADA:

A destilação simples ilustra a separação de misturas binárias de líquidos que têm pontos de ebulição suficientemente diferentes, mas no caso da separação de líquidos que estão próximos no seu ponto de ebulição ou da separação completa de dois líquidos voláteis um do outro pode ser realizada por destilação fraccionada utilizando uma coluna de fracionamento entre o balão de destilação e o condensador.

Uma coluna de fracionamento é um dispositivo que aumenta o processo de destilação fraccionada, condensando os vapores dos componentes menos voláteis da mistura e devolvendo-os ao balão de destilação, enquanto os vapores dos componentes mais voláteis passam para o condensador. Os vapores do condensador são transformados em líquido e recolhidos no recipiente de recolha. A temperatura mantém-se constante até que todos os componentes mais voláteis tenham sido destilados. Uma pequena queda na temperatura indica que um componente foi removido. Nesta fase, deve ser aplicado algum calor e o segundo componente é destilado.

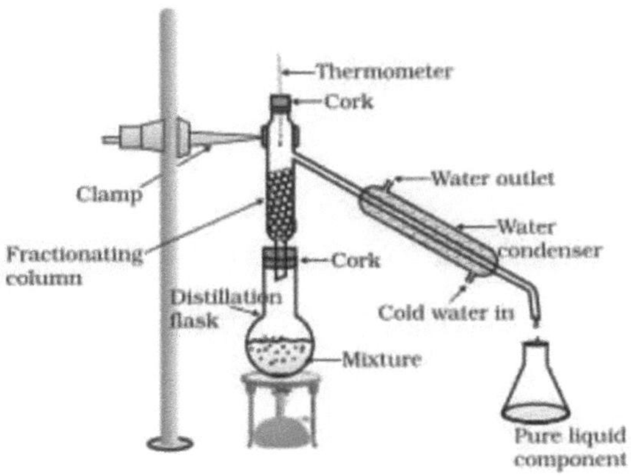

Figura 4: Diagrama da destilação fraccionada

1.12DESTILAÇÃO A VAPOR:

A destilação a vapor é utilizada para a destilação de dois líquidos imiscíveis, um dos quais é a água. Um líquido imiscível e a água entram em ebulição a alta temperatura, mas quando o vapor passa através de uma mistura destes líquidos, entra em ebulição a uma temperatura muito mais baixa do que o ponto de ebulição da água pura. Assim, a terebintina, que tem um ponto de ebulição de cerca de 160 °C, quando misturada com água, pode ser destilada a cerca de 95,56 °C por aplicação de vapor.

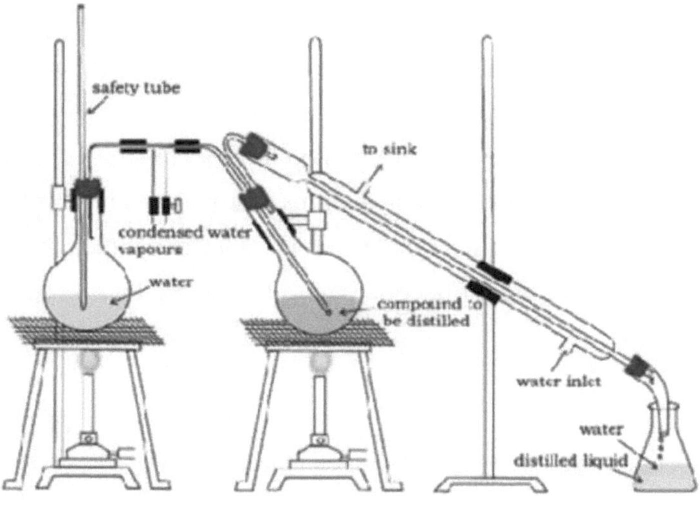

Figura 5: Aparelho utilizado para a destilação a vapor

À escala laboratorial, o aparelho de destilação é constituído por um gerador de vapor fixado por uma rolha de borracha com dois orifícios, por um dos quais passa um longo tubo de segurança que permite a explosão de alguma água a uma pressão excessiva gerada no interior do gerador de vapor. Do segundo orifício passa um tubo curvo que transporta o vapor para o balão que contém os líquidos a destilar. Este tubo deve ser mergulhado no fundo do balão. O gerador de vapor e também o balão que contém a mistura líquida são aquecidos simultaneamente. Assim, uma corrente rápida de vapor passa através da mistura em ebulição no balão. O vapor passa através do condensador e os líquidos condensados são recolhidos no recipiente de Florença. O destilado, que forma duas camadas, é separado uma da outra o mais completamente possível.

1.13COLUNA DE FRACCIONAMENTO:

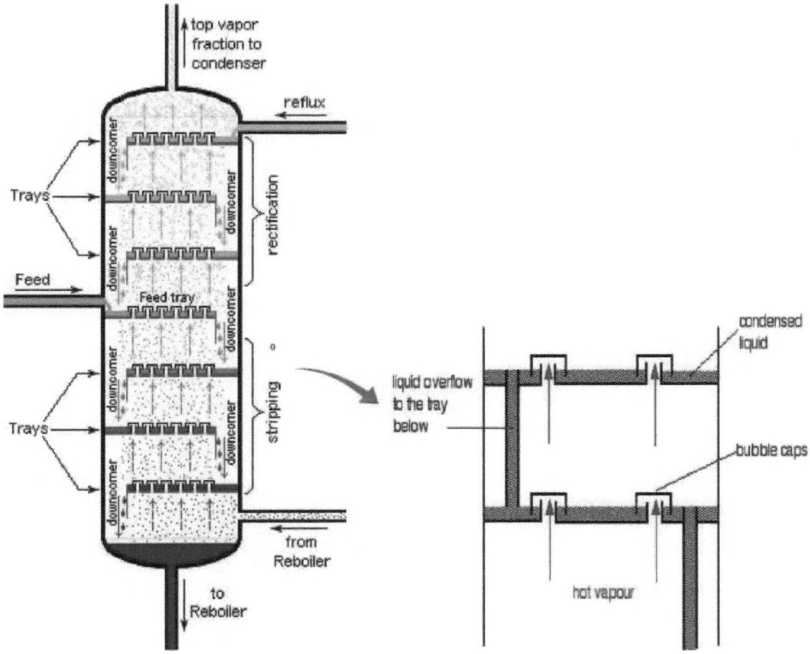

Figura 6: Coluna de fracionamento e disposição do tampão de bolhas

Uma coluna de fracionamento ou coluna de fracionamento é um elemento essencial utilizado na destilação de misturas líquidas, de modo a separar a mistura nas suas partes componentes, ou fracções, com base nas diferenças de volatilidade. As colunas de fracionamento são utilizadas em destilações laboratoriais de pequena escala, bem como em destilações industriais de grande escala.

Uma coluna de fracionamento de laboratório é uma peça de vidro utilizada para separar misturas vaporizadas de compostos líquidos com volatilidade próxima. Também pode ser designada por coluna fraccionada. A **coluna** mais comummente utilizada é uma **coluna de Vigreux** ou uma coluna reta com esferas de vidro ou peças metálicas.

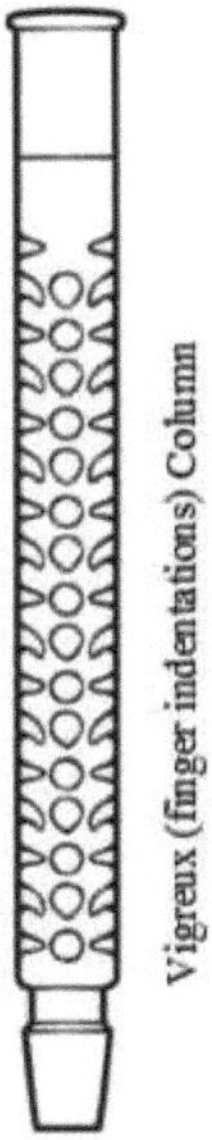

Como mostra a figura, existe uma coluna de fracionamento em que a alimentação entra no meio. Os produtos leves são retirados do topo como destilados, enquanto que os produtos pesados são retirados do fundo como resíduos (Residue).

A coluna de fracionamento contém muitos tabuleiros (Placas).

Estas placas são também dotadas de tampas de bolha, que são um tipo de dispositivos físicos utilizados para proporcionar um bom contacto entre o vapor que sobe e o líquido que desce no interior de uma coluna de fracionamento.

As placas têm um canto inferior para permitir que o líquido transborde e desça para as placas a uma temperatura mais elevada.

Na coluna de fracionamento, o vapor desloca-se para cima e o líquido desloca-se para baixo.

Os produtos são recolhidos cortados, por exemplo, 90-100 °C, o que significa que conterão produtos com P.B. entre 90-100 oC.

A alimentação entra nas placas conhecidas como placas de alimentação que dividem a coluna de fracionamento completa em duas secções:

1. Secção rectificadora

2. Secção de decapagem

A parte acima das placas de alimentação é designada por secção de retificação e a parte abaixo das placas é designada por secção de decapagem.

ABSORÇÃO

2.1 DEFINIÇÃO:

A absorção é um fenómeno físico ou químico ou um processo em que átomos, moléculas ou iões entram numa fase volumosa - gás, líquido ou material sólido. Trata-se de um processo diferente da adsorção, uma vez que as moléculas que sofrem absorção são absorvidas pelo volume e não pela superfície (como no caso da adsorção). Um termo mais geral é sorção, que abrange a absorção, a adsorção e a troca iónica. A absorção é uma condição em que algo absorve outra substância.

2.2 ABSORÇÃO DE GÁS:

Trata-se de uma operação unitária em que uma mistura de gás é posta em contacto com um líquido para dissolver preferencialmente um ou mais constituintes do gás e fornecer uma solução dos mesmos em líquido. Esta operação é também designada por **depuração**.

O líquido utilizado para efeitos de absorção é designado por absorvente ou solvente.

O componente insolúvel de uma mistura gasosa é referido como um gás inerte ou absorvente no que respeita à operação de absorção.

2.3 EXEMPLO TÍPICO DE ABSORÇÃO DE GÁS:

1. Quando a mistura de amoníaco e ar entra em contacto com água líquida à temperatura ambiente, uma vez que o amoníaco é solúvel em água e o ar é insolúvel em água, há uma transferência de massa apenas da fase gasosa para a fase líquida. Deste modo, o amoníaco pode ser recuperado do ar.

2. Remoção de sulfureto de hidrogénio de hidrocarbonetos naturais através da utilização de várias soluções alcalinas.

3. Remoção de SO2 de gases de combustão por soluções alcalinas.

2.4 TIPOS DE ABSORÇÃO DE GÁS:

A absorção de gás divide-se em dois tipos:

> **Absorção física/adsorção <u>(Physisorption)</u>:**

A absorção física ou absorção não reactiva faz-se entre duas fases da matéria: um líquido absorve um gás, ou um sólido absorve um líquido.

Quando um solvente líquido absorve uma mistura gasosa ou parte dela, uma massa de gás desloca-se para o líquido. Por exemplo, a água pode absorver oxigénio do ar. Esta transferência de massa tem lugar na interface entre o líquido e o gás, a uma taxa que depende tanto do gás como do líquido.

Este tipo de absorção depende da solubilidade dos gases, da pressão e da temperatura.

A taxa e a quantidade de absorção também dependem da área de superfície da interface e da sua duração no tempo. Por exemplo, quando a água está finamente dividida e misturada com o ar, como pode acontecer numa queda de água ou numa forte rebentação do oceano, a água absorve mais oxigénio.

Não é específico e, com o aumento da temperatura, a absorção diminui.

Isto ocorre normalmente a baixa temperatura e diminui com o aumento da temperatura.

As forças de atração que mantêm o adsorvente são as forças de Vander Waal.

O calor de adsorção é baixo. É reversível. Forma uma camada multimolecular. Não requer qualquer energia de ativação.

Por exemplo, absorção de amoníaco a partir de uma mistura de amoníaco e ar com água.

> **Absorção química /adsorção <u>(quimisorção)</u> :**

A quimisorção é um tipo de adsorção que envolve uma reação química entre a superfície e o adsorvente. São geradas novas ligações químicas na superfície do adsorvente.

Isto acontece a altas temperaturas. As forças de atração que mantêm o adsorvente são forças de ligação química.

O calor de adsorção é elevado. É irreversível. É altamente específico. Forma uma camada monomolecular. Requer energia de ativação.

Por exemplo, quando o hidróxido de sódio aquoso (uma base forte) é utilizado como absorvente para dissolver um gás ácido, a absorção é acompanhada por uma reação de neutralização rápida e irreversível na fase líquida e o processo é designado por absorção química.

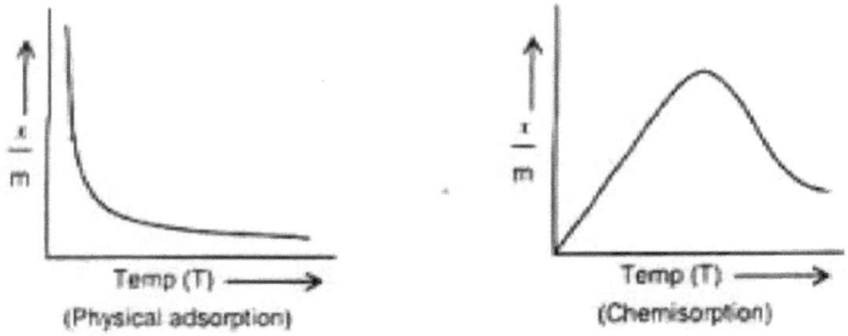

Figura 7: Efeito da temperatura na fisissorção e quimissorção

2.4 DESSORÇÃO/DESCASCAMENTO:

O inverso da absorção é designado por dessorção ou stripping, uma operação em que o componente gasoso dissolvido no líquido é removido por contacto com um gás inerte.

A remoção do componente volátil do óleo por meio de vapor é um exemplo de decapagem.

2.5 CONDIÇÃO DE EQUILÍBRIO LÍQUIDO-GÁS:

O grau em que o gás é absorvido da mistura gasosa pelo solvente líquido é determinado pela sua pressão parcial. Cada gás dissolvido exerce uma pressão parcial específica a uma dada temperatura e pressão. Diz-se que o gás é ligeiramente solúvel quando a pressão parcial exercida pelo gás dissolvido da solução é mais elevada, enquanto se diz que é mais solúvel quando a pressão parcial exercida pelo gás dissolvido da solução é mais baixa.

Uma dada quantidade de líquido dissolverá qualquer quantidade de gás ligeiramente ou mais solúvel, dependendo da pressão parcial do gás dissolvido na fase em contacto com o líquido. O gás pouco solúvel requer uma pressão parcial mais elevada do gás para produzir uma solução na concentração desejada, enquanto o gás muito solúvel requer uma pressão parcial baixa para obter a mesma solução concentrada.

O equilíbrio é atingido quando a pressão parcial do gás soluto na fase gasosa é igual à sua pressão parcial na fase líquida. O equilíbrio de equilíbrio decide-se pelo limite de absorção.

Na maioria dos casos, a solubilidade do gás é afetada pela temperatura e não pela pressão total no sistema.

Em geral, a absorção de gás é uma reação exotérmica e a solubilidade diminui se não forem tomadas medidas para remover o calor evoluído. Normalmente, são previstos sistemas de arrefecimento necessários para manter a temperatura suficientemente baixa para se conseguir uma boa taxa de absorção.

Para soluções diluídas, a relação de equilíbrio é dada pela lei de Henry:

$$P_A = K_H X_A$$

Onde:

P_A= Pressão parcial do gás soluto na fase gasosa

X_A = fração molar do gás soluto na fase líquida

2.6 CRITÉRIOS DE SELECÇÃO DO SOLVENTE NA ABSORÇÃO DE GÁS:

Durante o processo de absorção, devem ser considerados os seguintes critérios:

[1] Solubilidade em gases:

A solubilidade de um gás soluto num solvente deve ser elevada, isto é, o solvente deve ter uma capacidade elevada para dissolver o gás soluto desejado, de modo a que seja necessária uma menor quantidade de solvente para um determinado volume de absorção.

[2] Volatilidade:

Como o gás que sai do equipamento de absorção está geralmente saturado com o solvente, haverá uma perda de solvente com o gás durante uma operação. Assim, para minimizar a perda de solvente, o solvente deve ser, tanto quanto possível, de natureza menos volátil.

[3] Natureza corrosiva:

O solvente não deve ser corrosivo para os materiais de construção comuns, de modo a que o material de construção do equipamento de absorção não seja demasiado dispendioso.

[4] Viscosidade:

O solvente deve ter baixa viscosidade para obter taxas de absorção rápidas, baixo custo de bombagem e melhor transferência de calor.

[5] Custo e disponibilidade:

O solvente deve ser mais barato e facilmente disponível.

[6] Diversos:

O solvente deve ser não tóxico, não inflamável e quimicamente inerte do ponto de vista do manuseamento e da armazenagem.

2.7 EQUIPAMENTO DE ABSORÇÃO DE GÁS:

Recipientes com agitação mecânica

Colunas/torres compactas

Colunas de placas.

2.7.1 COLUNAS/TORRES COMPACTAS:

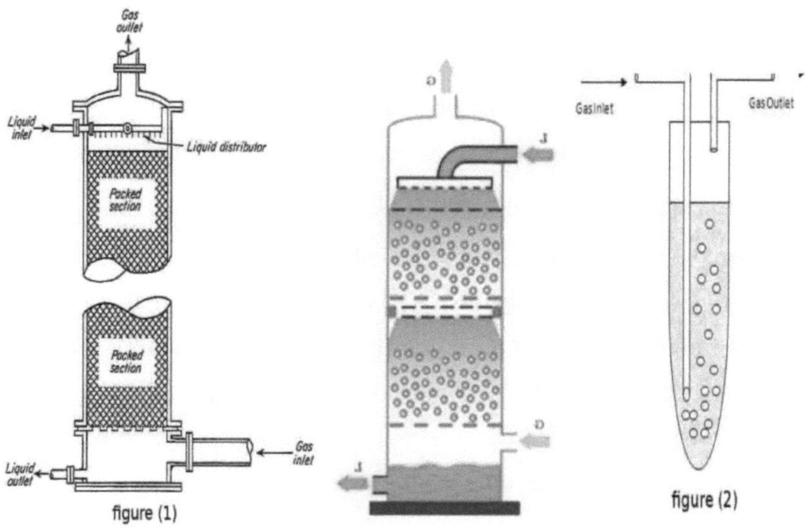

Figura 8: Coluna com enchimento para o lote (1) e para a absorção contínua (2)

Um aparelho comum utilizado na absorção de gás é a torre de enchimento, cujo exemplo é apresentado na figura (1). O dispositivo é constituído por uma coluna cilíndrica, ou torre, equipada com uma entrada de gás e um espaço de distribuição na parte inferior; uma entrada de líquido e um distribuidor na parte superior; saídas de gás e de líquido na parte superior e inferior, respetivamente; e uma massa suportada de formas sólidas inertes, designada por torre de enchimento.

O líquido de entrada, que pode ser um solvente puro ou uma solução diluída de algum soluto (pode ou não ser o mesmo gás) no solvente, é distribuído sobre o topo da embalagem por um distribuidor e, em operação ideal, molha uniformemente as superfícies da embalagem.

O gás que contém o soluto entra no espaço de distribuição por baixo do enchimento e flui para cima através dos interstícios do enchimento em contracorrente com o fluxo de líquido. O empacotamento proporciona uma grande área de contacto entre o líquido e o gás e encoraja o contacto íntimo entre as fases. Em condições ideais de estado estacionário, para um caudal especificado de fase líquida e gasosa, a extensão da absorção não muda com o passar do tempo.

No caso da absorção em processo de semi-batelada, como mostra a figura (2), a extensão da absorção aumenta com a passagem do tempo, à medida que mais e mais gás é passado através do mesmo líquido.

A coluna de absorção na configuração experimental foi embalada com anéis Raschig. Estes proporcionam uma grande área de superfície dentro do volume da coluna para a interação entre o líquido e o gás e também aumentam o tempo de contacto entre o líquido e o gás. A fase líquida é de preferência uma solução de hidróxido de sódio de concentração conhecida (não superior a 2 N), que entra pelo topo, e a mistura de dióxido de carbono e ar (solvente inerte para a fase gasosa), que entra pelo fundo da coluna.

A reação que ocorre na coluna de absorção e no borbulhador é:

$$2NaOH + CO_2 \rightarrow Na_2CO_3 + H_2O \qquad \textit{Reaction } (1)$$

2.7.2 Vantagens das colunas de enchimento:

1. Estrutura mínima

2. Baixa queda de pressão

3. Baixa retenção de líquidos

4. Manusear líquidos corrosivos e líquidos com tendência para a formação de espuma

5. Baixo investimento inicial

6. Rácios elevados de líquido para gás

2.7.3 Desvantagens das colunas de enchimento:

1. Relativamente inflexível

2. Não pode funcionar numa vasta gama de taxas de vapor ou de líquido por unidade de área transversal

3. A distribuição de líquidos é difícil

4. Não pode manusear fluidos sujos

5. Não pode ser utilizado em grandes variações de temperatura.

2.7.4 A coluna de enchimento é adequada para:

1. Pequenos diâmetros

2. Manuseamento de fluidos altamente corrosivos

3. Manuseamento de líquidos com tendência para a formação de espuma

4. Operações em que é importante ter uma baixa queda de pressão e uma baixa retenção de líquido.

2.8 ENCHIMENTO DE COLUNAS/EMPACOTAMENTO DE TORRES:

Nas colunas, a transferência de massa é efectuada de forma contínua. Estas colunas são também designadas por colunas de enchimento. A torre de enchimento é a mais comum e consiste num invólucro cilíndrico que contém o material inerte no seu interior. Este material inerte é o que se designa por enchimento.

O principal objetivo do enchimento é proporcionar uma maior superfície de contacto entre o vapor e o líquido extrator, aumentando assim a turbulência e, consequentemente, melhorando a sua eficácia.

Existem muitas formas de enchimento e diferentes dimensões. Se o volume for grande (5-20cm) pode ser colocado de forma ordenada (embalagem empilhada) ou desordenada (embalagem aleatória) se o volume de enchimento for pequeno (5-50mm). Geralmente são utilizados anéis de Rasching de 5-8cm de diâmetro e colocados de forma ordenada. À medida que aumentamos o tamanho do enchimento, a eficiência da transferência de massa foi reduzida e, por conseguinte, aumenta a queda de pressão. Em conclusão, a fim de determinar o tamanho ideal do aterro deve ter em conta dois factores:

1. A seleção do material de enchimento.
2. A encomenda do material inerte, o enchimento.

As caraterísticas do enchimento são as seguintes

1. Deve ser quimicamente inerte.
2. Possuem um elevado grau de resistência mecânica.
3. Permitem a passagem das duas correntes adequadas.
4. Deve permitir um bom contacto entre as duas fases.
5. Deve ser de baixo custo.
6. A maioria das obturações é feita de material barato, inerte e leve.

2.9 Tipos de materiais de embalagem em torre:

1. Anel de raspagem
2. Anel Pall
3. Embalagem super intalox
4. Embalagem Intalox
5. Sela Intalox etc...

Figura 9: Vários materiais de embalagem da torre na absorção de gás

2.10HETP (EQUIVALENTE ELEVADO À PLACA TEÓRICA):

O HETP é a altura de uma secção de empacotamento que dará a mesma separação que a obtida com uma placa teórica. A HETP deve ser uma quantidade determinada experimentalmente e é caraterística de cada embalagem.

Depende principalmente do tipo e tamanho do empanque, dos caudais dos fluidos e da concentração.

A altura total da coluna para efetuar a separação é calculada multiplicando o número de pratos teóricos necessários para um determinado grau de separação pelo HETP.

$$H = \frac{L}{N}$$

L = *column length (mm)*
N = *number of theoretical plates*

Placa teórica:

Uma placa teórica em muitos processos de separação é uma zona ou estágio hipotético no qual duas fases, tais como as fases líquida e de vapor de uma substância, estabelecem um equilíbrio entre si. Estes estádios de equilíbrio podem também ser designados por estádio de equilíbrio, estádio ideal ou tabuleiro teórico.

FILTRAÇÃO

3.0 INTRODUÇÃO

A separação de um sólido de uma suspensão num líquido com a ajuda de um meio poroso ou de um filtro que retém os sólidos e permite que o líquido passe através dele é designada **por filtração**.

Dois tipos: (Básico)

1. Filtragem de bolos
2. Filtragem profunda e má

Filtração em bolo: a proporção de sólidos em suspensão é grande e a maioria das partículas sólidas é recolhida no bolo que pode ser subsequentemente destacado do meio filtrante.

Filtração profunda: A proporção de sólidos é muito pequena e as partículas do sólido, sendo mais pequenas do que os poros do meio, penetram a uma profundidade considerável e acabam por ficar presas no meio filtrante, não aparecendo normalmente qualquer camada de sólidos à superfície do meio.

Por exemplo, filtragem de água.

FILTROS DIVIDIDOS EM DUAS PARTES:

1 .) Filtros de clarificação (filtros de leito profundo): Utilizados para remover pequenas quantidades de sólidos para produzir líquidos límpidos e brilhantes.

2 .) Filtros de bolo: Separa grandes quantidades de sólidos sob a forma de bolo de cristais.

3.1 PRINCÍPIOS DA FILTRAGEM DE BOLOS:

Na filtração em bolo, a alimentação a ser tratada (mistura de duas fases) é designada por lama, o leito de sólidos depositados na membrana porosa (meio filtrante) é designado por bolo e o líquido transparente que sai do meio filtrante é designado por filtração.

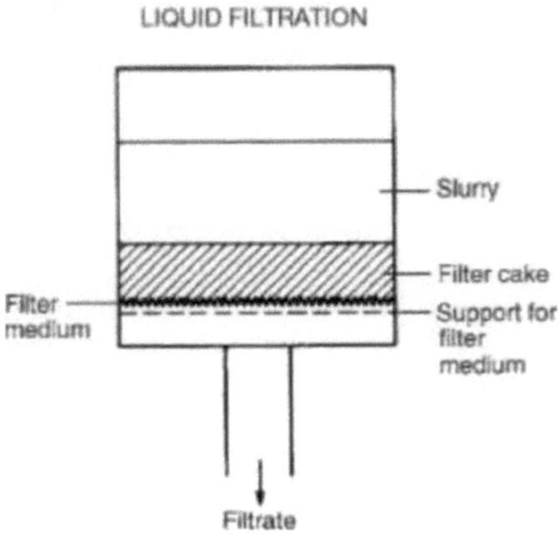

Figura 10: Princípio da filtragem

3.2 TIPOS DE FILTRAGEM DE BOLOS:

1. Filtragem de pressão constante
2. Filtração de taxa constante

1. Filtragem de pressão constante:

Método em que a queda de pressão sobre o enchimento é constante durante todo o percurso. De modo a que a taxa de filtração seja máxima no início da filtração

e diminui continuamente no final do ciclo, designa-se por filtração a pressão constante.

Se a pressão de saída for constante, as filtrações a pressão constante são efectuadas aplicando uma determinada pressão à entrada e mantendo-a constante durante todo o percurso.

A aplicação de uma pressão inicial elevada resulta numa taxa de filtragem mais elevada, uma vez que as primeiras partículas de enchimento são compactadas numa massa compacta que filtra em grande parte os poros do tecido.

4. Filtragem de taxa constante:

O método em que a queda de pressão é variada, geralmente de um mínimo no início da filtração para um máximo no final da filtração. De modo a que a taxa de filtração seja constante ao longo de todo o processo, chama-se filtração a taxa constante.

Na filtração a taxa constante, a taxa de filtração é mantida quase constante, começando com uma pressão de entrada baixa e aumentando continuamente a pressão para superar a resistência do bolo, até que a pressão máxima seja atingida no final do ciclo.

3.3 FACTOR QUE AFECTA A TAXA DE FILTRAÇÃO:

Queda de pressão entre a entrada de alimentação e o lado mais afastado do meio filtrante.

Área da superfície de filtragem (A) .

Viscosidade do filtrado (n).

Resistência do meio filtrante e das camadas iniciais do bolo.

É a lei de Darcy:

$$dv/\,dt = K\,A\,\Delta P/nt$$

Onde,

v= volume do filtrado

t= tempo de filtrado

k= constante da taxa de filtração

A = área do meio filtrante

ΔP = diferença de pressão (acima e abaixo)

n = viscosidade do filtrado

3.4 CARACTERÍSTICAS DO MEIO FILTRANTE:

Deve reter os sólidos a filtrar, dando um filtrado razoavelmente límpido.

Não deve ser um "plug and blind".

Deve ser resistente à ação corrosiva do fluido.

Deve ser mecanicamente forte para suportar as condições do processo.

Deve oferecer a menor resistência possível ao fluxo do filtrado.

Deve ter a capacidade de descarregar o bolo de forma fácil e limpa.

Deve ter uma resistência aceitável ao desgaste mecânico.

Deve ser barato.

Deve ter uma vida longa.

Por exemplo, para uso farmacêutico, os filtros são roupas de lona, tecido de vidro e tecido de fibra sintética, etc.

3.5 MÉTODOS E EQUIPAMENTOS NECESSÁRIOS PARA A FILTRAÇÃO:

A seleção do método e do equipamento necessários para a filtração de um líquido depende da natureza do material e da quantidade a filtrar, bem como do objetivo da operação.

1. Funis de filtragem:

Os funis são dispositivos cónicos que ajudam a verter os líquidos em recipientes de boca estreita. São muito utilizados para suportar o meio filtrante; os funis são geralmente feitos de vidro, polietileno, cobre, alumínio, aço inoxidável ou qualquer outro metal adequado.

Seleciona-se um papel de filtro branco de tamanho de poro adequado, que é dobrado de forma a caber no funil. Para aumentar a taxa de filtração, utiliza-se um papel de filtro revestido; os funis de polietileno não são adequados para substâncias corrosivas.

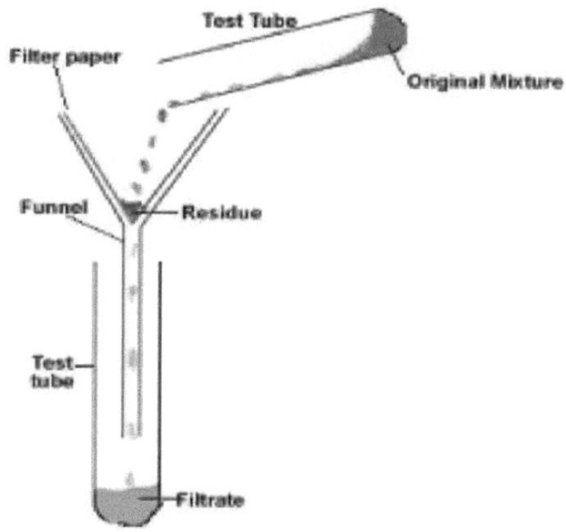

Figura 11: Filtração simples por funil de filtração

2. Funis de Buchner:

É constituído por porcelana modificada de forma a que o disco de papel de filtro seja apoiado numa placa perfurada. Estes funis são especialmente utilizados para a filtração sob pressão reduzida.

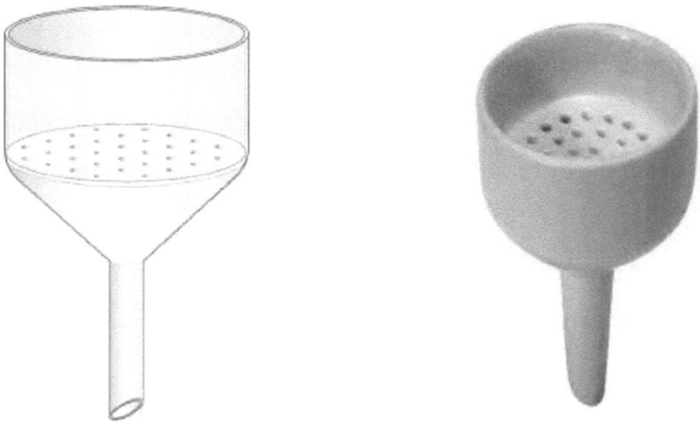

Figura 12: Funil de Buchner

3. Funis de água quente:

Os funis de água quente ou funis encamisados são funis de parede dupla constituídos por um metal.

As substâncias viscosas, como a parafina líquida, a glicerina, o óleo de custódia e as substâncias gordas, como a gordura de lã de abelha, a cera, etc., são difíceis de filtrar à temperatura normal. Mas podem ser filtradas facilmente, se a temperatura no funil for mantida a um nível mais elevado.

Os processos que utilizam o funil de água quente fazem circular no funil água a ferver ou corrente.

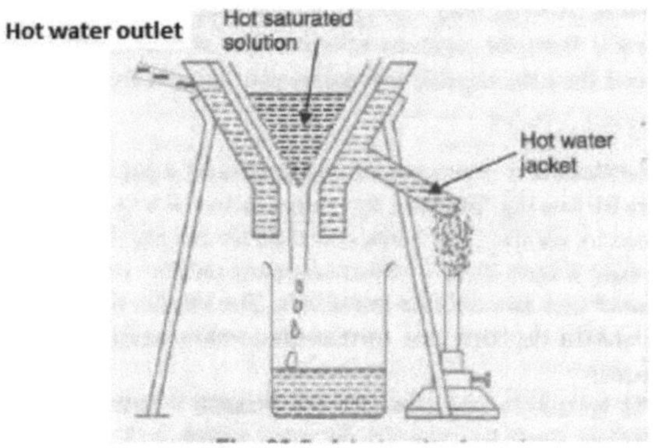

Figura 13: Funil de água quente

4. Filtração sob pressão reduzida :

À escala laboratorial, a filtração sob pressão reduzida é efectuada num aparelho constituído por um balão de filtração com funil de Buchner e uma bomba de filtração.

O funil de Buchner é colocado no balão filtrante de vidro especialmente resistente, cujo tubo lateral é ligado a outro balão para evitar o risco de retro-sucção.

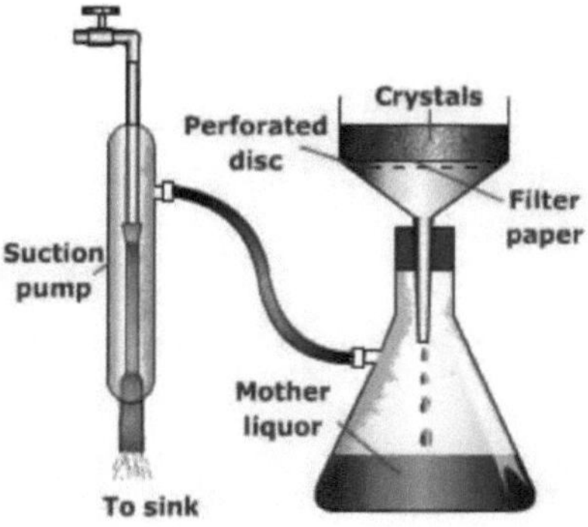

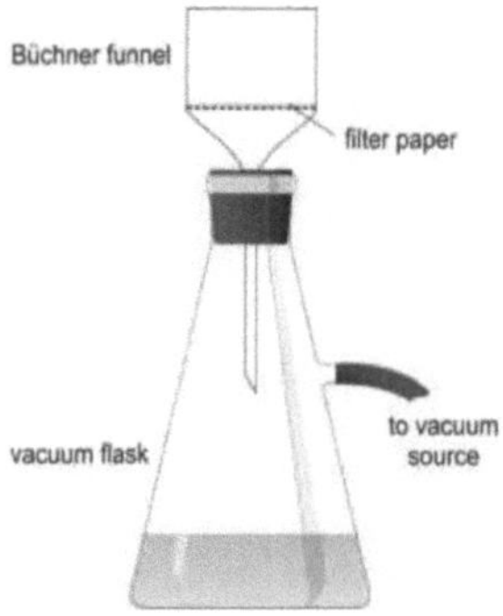

Figura 14: Filtração sob pressão reduzida

O segundo balão é ligado a uma bomba de filtração. Coloca-se um papel de filtro de boa qualidade, do tamanho do funil de Buchner, sobre a perfuração do funil de Buchner e verte-se o líquido a filtrar sobre o papel de filtro.

Quando o vácuo é criado pela abertura da água, a bomba do filtro é ligada.

A filtração inicia-se a alta velocidade e o filtrado é recolhido no frasco de filtração.

Este método é muito utilizado no laboratório para a filtração de líquidos e para a lavagem dos precipitados em trabalhos analíticos.

3.6 FILTRO DE TAMBOR ROTATIVO: (FILTRO CONTÍNUO A VÁCUO):

Construção:

Consiste essencialmente num tambor cilíndrico de chapa metálica montado horizontalmente.

Pode ter 50-400 cm de diâmetro e 50-800 cm de comprimento.

A superfície exterior do tambor é formada por uma placa perfurada.

Um meio filtrante, como a lona, cobre a superfície exterior do tambor que gira a 0,1-2 r/min. numa lama agitada.

No interior de um tambor exterior, existe um tambor mais pequeno com uma superfície sólida.

O espaço anular entre os dois tambores é dividido em vários

compartimentos/sectores por divisórias radiais e é feita uma ligação separada entre os compartimentos e um tipo especial de válvula rotativa.

À medida que o tambor roda, o vácuo e o ar são aplicados alternadamente em cada compartimento.

Para além do ferro fundido, outros materiais de construção incluem o aço inoxidável, o titânio e o plástico, como o PVC, etc.

Estes materiais oferecem uma grande resistência à corrosão para muitos tipos de lamas.

Trabalhar:

O tambor é imerso até à profundidade desejada na lama, que é agitada suavemente para evitar a fixação dos sólidos.

O vácuo é aplicado à parte do tambor que está submersa na lama através de uma válvula rotativa.

Deste modo, o líquido é aspirado para o compartimento e os sólidos depositam-se no tecido, formando um bolo com a espessura desejada, que pode ser regulada através do ajuste da velocidade do tambor.

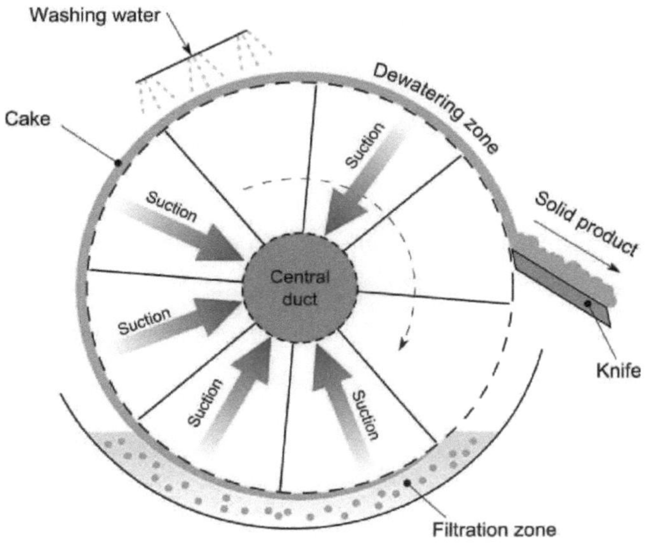

Figura 15: Filtro de tambor rotativo

À medida que a parte do tambor em que o bolo é formado sai da lama, o bolo é lavado por pulverização de líquido de lavagem.

O líquido de lavagem deixa o filtro através da válvula rotativa e é recolhido separadamente no depósito.

Após a lavagem, o bolo entra na zona de secagem à medida que o tambor roda, onde o bolo é parcialmente seco por aspiração de ar através do bolo de sólidos.

Depois de o bolo de sólidos ter sido aspirado o mais seco possível, o vácuo é cortado e o bolo é removido raspando-o com uma faca de médico ajustável.

É soprado um pouco de ar por baixo do pano para ajudar a remover o bolo. Assim que o bolo é deslocado do sector de um tambor, volta a entrar na lama e o ciclo repete-se.

EXTRACÇÃO

4.1 INTRODUÇÃO:

Quando uma mistura de líquidos não é facilmente separável por destilação, recorre-se à extração de líquidos.

A extração consiste em extrair constituintes como alcalóides, glicosídeos, óleos voláteis, proteínas, péptidos, açúcar, etc.. presentes nas células vegetais ou nos tecidos animais, utilizando solventes adequados, como água, álcool, acetona, éter, etc

Pode também definir-se como a remoção de material solúvel de um resíduo insolúvel por tratamento com solventes líquidos.

Este processo depende dos fenómenos de transferência de massa, da taxa de extração e da difusão do soluto através do limite líquido.

O processo de extração é utilizado na preparação de muitos medicamentos, exceto os que são preparados sinteticamente.

No entanto, as drogas sintéticas que são preparadas pelo processo de fermentação são frequentemente purificadas ou separadas do licor-mãe por extração.

4.2 EXTRACÇÃO LÍQUIDO-LÍQUIDO:

Refere-se a uma separação dos constituintes da mistura líquida por contacto com um solvente líquido insolúvel adequado, que dissolve preferencialmente um ou mais constituintes.

4.3 POR QUE RAZÃO É NECESSÁRIA A EXTRACÇÃO DE CONSTITUINTES ACTIVOS DE CÉLULAS VEGETAIS OU DE TECIDOS ANIMAIS?

A maioria dos medicamentos naturais é preparada através da extração dos constituintes activos de plantas naturais ou de fontes animais.

É desejável extrair e separar os constituintes activos pelas seguintes razões

1. A deterioração da substância ativa por ação enzimática pode ser eliminada.

2. A compressão ou capsulação torna-se mais fácil do que com o material em bruto.

3. A preparação de uma injeção a partir de material bruto é perigosa; deve ser preparados a partir de componentes separados.

4. É fácil preparar uma formulação adequada a partir do os componentes separados e essas preparações são mais estáveis e mais flexíveis.

5. A potência dos componentes activos pode ser controlada.

6. É fascinante o armazenamento e o transporte a granel, uma vez que se trata de pequenas quantidades.

4.5 LEACHING:

A extração de um constituinte solúvel de um sólido por meio de um solvente é vulgarmente conhecida como **lixiviação.**

Existem principalmente dois métodos de lixiviação:

1. Processo de maceração
2. Processo de percolação

4.6 PROCESSO DE MACERAÇÃO (EXTRACÇÃO EM ESTADO ESTACIONÁRIO):

Princípio:

Um método de maceração consiste em colocar o material sólido num recipiente fechado com o solvente de extração e deixá-lo repousar durante uma noite ou vários dias. Agitando-o ocasionalmente, o líquido é decantado e o resíduo sólido é filtrado com um meio filtrante.

Método:

Em primeiro lugar, o material sólido em pó ou em pequenos pedaços é misturado com uma quantidade total de solvente de extração.

Dá-se tempo para que o solvente se dissolva. Após um período de tempo suficiente, o material solúvel difunde-se através de agitação e vibração. Um recipiente fechado é essencial para este processo para evitar a evaporação e a variação de lote.

Em seguida, a difusão é filtrada através de um pano para obter um líquido. Este líquido pode estar turvo ou conter pequenas partículas. Por conseguinte, deve ser dado um certo tempo para o assentar. Em seguida, filtra-se para obter uma solução límpida.

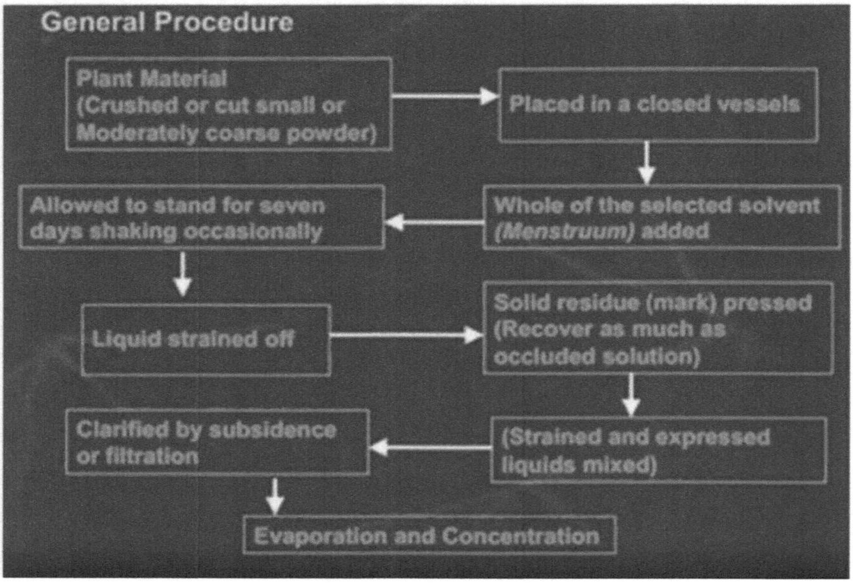

Figura 16: Representação por etapas do processo de maceração.

4.7 PERCOLAÇÃO (EXTRACÇÃO EXAUSTIVA):

Processo:

1. Neste processo, o material vegetal é embalado num percolado e o solvente é deixado a percolar através dele.

2. Na maioria dos casos, o material é humedecido com solvente antes de ser embalado.

Aqui a humidificação preliminar é importante porque o material seco é diretamente embebido no coletor e pode sufocar o coletor.

3. Numa escala comercial, a maior parte do medicamento é colocada numa placa perfurada que é coberta com palha.

4. O coador tem um espaço na parte superior para carregar o medicamento e o solvente.

5. Quando o material húmido é acondicionado no coletor, a superfície é coberta com um papel de filtro para evitar perturbações.

6. Depois de embalar o percolado, adiciona-se solvente suficiente para cobrir a camada superior do sólido.

7. Quando o solvente começa a sair do fundo do coador, abre-se a parte superior e adiciona-se mais solvente para manter coberta a camada de sólido. Para que não seque.

8. Em seguida, este coador fechado é deixado em repouso durante 14 horas.

9. Até à extração quase completa do material ativo, repetir este processo.

10. A evaporação e a concentração foram efectuadas para obter produtos acabados através da aplicação de técnicas adequadas.

(Algumas palavras novas: - **Percolar: Fazer passar material através de uma substância porosa)**

4.8 MÉTODO INDUSTRIAL DE EXTRACÇÃO:

Os métodos industriais de extração são os seguintes

1. Extração circulatória.
2. Extração em várias fases.
3. Extração da bateria.

1. Extração circulatória:

A eficiência da extração num processo de maceração pode ser melhorada fazendo com que o solvente circule continuamente através da droga, como indicado na figura abaixo.

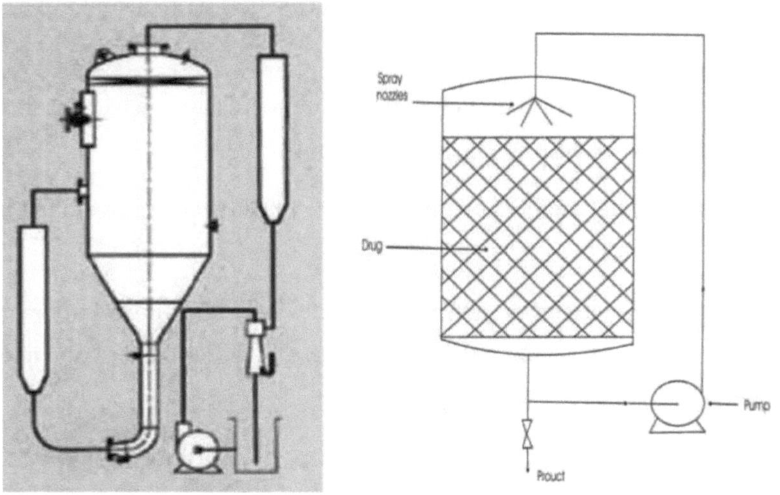

Figura 17: Extrator circulatório

O solvente é bombeado do fundo do recipiente para a entrada, onde é distribuído através de bicos de pulverização sobre a superfície do medicamento até a extração se tornar concentrada. O movimento do solvente reduz as camadas limite e a distribuição uniforme minimiza a concentração local num período de tempo mais curto.

2. Extração em várias fases:

No entanto, tal como no processo normal de maceração, a extração é incompleta, uma vez que a transferência de massa cessa quando se estabelece o equilíbrio. Este problema pode ser ultrapassado através da utilização de um processo em várias fases.

O equipamento necessário para este método é um recipiente para a droga, juntamente com uma bomba de circulação e distribuidores de pulverização, e um número de tanques para receber a solução extraída. O extrator e os depósitos estão ligados por tubagens e válvulas, como se mostra na figura, de modo a que qualquer um dos depósitos possa ser ligado ao extrator para a transferência da solução.

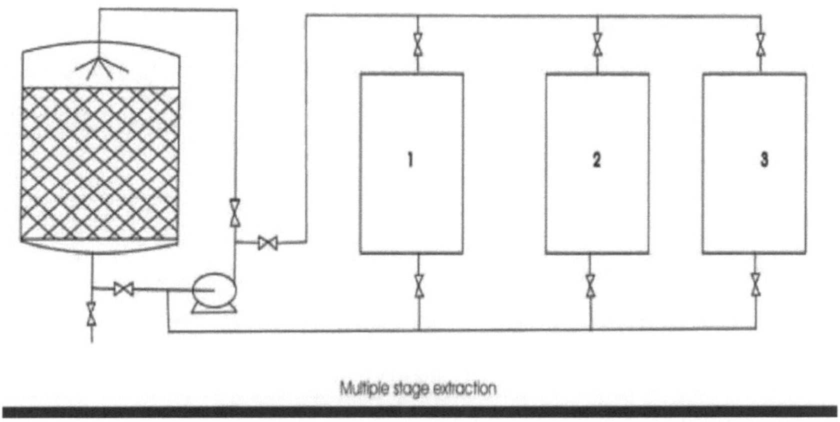

Figura 18: Extrator de várias fases

Nesta extração, começa-se por encher o extrator com o medicamento em pó. Adicionar o solvente ao extrator. Fazer circular o solvente através do fármaco com a bomba durante várias vezes. De seguida, o líquido escorre para o recetor 1.

Voltar a encher o extrator com solvente fresco e fazer circular o solvente, sendo o escoamento recolhido no recetor-2.

Voltar a encher o extrator com solvente fresco e fazer circular o solvente, sendo o escoamento recolhido no recetor-3.

Retirar agora o fármaco do extrator e recarregá-lo com fármaco fresco, fazer regressar a solução do recetor-1 ao extrator e pô-la a circular, retirando-a em seguida para evaporação.

Devolver a solução do recetor-2 ao extrator e pô-la a circular, o escoamento é levado para o recetor-1. Da mesma forma, a solução de retorno do recetor-3 para o extrator e circula-o, depois o escoamento é levado para o recetor-2.

Adicionar solvente fresco ao extrator e fazê-lo circular, o escoamento é levado para o recetor-3.

Retirar o medicamento do extrator, recarregar com medicamento novo e repetir o ciclo.

Assim, cada lote é extraído várias vezes com o solvente e, de cada vez, a concentração aumenta. No recetor, foi recolhida a maior concentração de material farmacológico, enquanto no recetor 3 foi recolhida a menor concentração de material farmacológico.

Vantagens:

O medicamento é extraído tantas vezes quantos os receptores existentes - neste caso, três. Se forem necessárias mais fases de extração, basta ter mais receptores.

O último tratamento da droga antes de ser descarregada é feito com solvente fresco, o que permite uma extração máxima.

A solução está em contacto com o medicamento fresco antes de ser retirada para evaporação, o que permite obter a maior concentração possível.

Teoria para a extração de fármacos:

O processo de extração tem essencialmente quatro fases comuns que devem ser seguidas:

[1] Redução adequada da dimensão do material em bruto:

De acordo com a teoria da transferência de massa, a área de superfície máxima deve estar disponível e, por conseguinte, o medicamento deve ser finamente pulverizado ou reduzido a células individuais, mas isso não é possível ou não é adequado do ponto de vista comercial devido a,

- Seria muito difícil e pouco comercial reduzir o tamanho a uma extensão tão fina.

- As partículas extremamente finas permanecerão suspensas no solvente e este tornar-se-á mais ou menos infiltrado.

- A rutura de todas as células reduzirá, excluindo a redução de tamanho nos materiais inertes, o que não é desejável.

- Um processo de redução de tamanho prolongado pode levar à decomposição dos constituintes ou à perda de óleos voláteis.

Não é necessário ter o maior grau de redução de tamanho, é principalmente dependente da estrutura botânica da droga, e as drogas moles devem ser fatiadas ou cortadas, enquanto as drogas duras devem ser em pó claro ou moderadamente claro. Em geral, o grau adequado de redução de tamanho deve proporcionar uma área de superfície suficientemente grande para uma transferência de massa adequada.

[2] Penetração do solvente na célula do fármaco:

A parede celular é constituída basicamente por moléculas de celulose, a droga torna-se porosa quando se resseca e se tritura.

Os poros contêm ar que deve ser removido. Para que o solvente possa entrar nas células, quando o material do fármaco é fresco, permanece rodeado de água que se evapora ao secar, as células movem-se em conjunto e formam uma membrana na direção longitudinal.

Quando o medicamento é humedecido, o tecido incha em diferentes graus, dependendo da natureza dos líquidos solventes. Os líquidos com grupo hidroxilo causam maior dilatação. A água provoca a maior dilatação do que o etanol. O glicerol provoca maior dilatação do que a água, mas actua lentamente devido à sua elevada viscosidade.

As paredes celulares finas provocam um maior inchaço com água, ao passo que o menor inchaço ocorre com células de paredes espessas em álcool para uma penetração adequada do solvente na célula.

Deve deslocar o ar dos poros do medicamento e pode ser auxiliado por uma bomba de vácuo.

Se o solvente e a droga forem colocados num recipiente adequado e a pressão for reduzida, o ar será removido dos poros. Quando o vácuo é quebrado, a pressão da atmosfera força o solvente a penetrar na droga, de modo que a penetração é consideravelmente facilitada.

[3] Dissolução da matéria no interior da célula:

Quando o solvente penetra nas células, os constituintes começam a dissolver-se no solvente.

O grau de dissolução depende de factores como,

- Libertação de moléculas de soluto da fase sólida
- Remoção do soluto para fora do limite interfacial
- Área de superfície,

No entanto, a taxa de dissolução e a solubilidade aumentam com a utilização da temperatura.

[4] Fuga de material dissolvido da célula:

Algumas células do fármaco já se encontram quebradas devido ao processo de redução de tamanho. A fuga de material dissolvido dessas células não é difícil, no entanto, muitas células estão inteiras e intactas, pelo que é difícil extrair essas moléculas.

A fuga de moléculas de soluto pode ocorrer por osmose ou difusão.

A taxa de difusão depende da presença de um gradiente de concentração adequado do centro da partícula para o exterior. Dependerá também da espessura da parede celular ou da camada limite e do coeficiente de difusão do soluto no solvente.

A velocidade de extração pode ser aumentada através da simples agitação da mistura, do aumento do gradiente de concentração com o solvente e da diminuição das camadas limite.

A extração será incompleta se o fármaco for simplesmente imerso na maior parte do solvente. Uma vez que se estabelece um equilíbrio entre a solução na célula e a solução livre.

[5] Separação da solução e dos medicamentos esgotados:

A separação da solução é fácil quando o fármaco é imerso no solvente. Esta separação pode ser efectuada por filtração ou por filtração. Se a extração for feita por um fluxo contínuo de solventes, a separação faz parte do processo normal.

SECAGEM

5.1 DEFINIÇÃO:

A secagem é uma operação em que a humidade de uma substância é removida por meios térmicos.

5.2 CARACTERIZAÇÕES:

Aqui, a transferência de massa e de calor ocorre simultaneamente.

O calor é transferido da maior parte da fase gasosa para a fase sólida e a massa é transferida da fase sólida para a fase gasosa sob a forma de líquido e vapor.

No caso da secagem, uma quantidade menor de água ou líquido é removida do material sólido ou semi-sólido, enquanto na evaporação uma quantidade relativamente grande de água é removida para as soluções.

A secagem envolve a remoção da água a uma temperatura abaixo do seu ponto de ebulição, enquanto a evaporação envolve a remoção da água como vapor no seu ponto de ebulição.

A secagem é geralmente a última operação no processo de fabrico e é geralmente efectuada após a evaporação e a cristalização.

5.3 PORQUE É QUE A SECAGEM É NECESSÁRIA NO PROCESSO DE FABRICO?

Existem alguns factos que podem ser tidos em conta para a secagem na produção de um determinado produto:

[1] Para reduzir os custos de transporte.

[2] Para a purificação de um produto cristalino.

[3] Para tornar o material adequado para manuseamento e armazenamento.

[4] Para satisfazer as especificações do mercado.

[5] Para evitar a corrosão devida à presença de humidade.

[6] Para a preparação de produtos granulados.

[7] Para a preparação de um produto homólogo e livre, adequado para a forma de doses .

5.4 MÉTODO E EQUIPAMENTOS DE SECAGEM:

São utilizados vários métodos e equipamentos para a secagem. A escolha depende principalmente de:

[1] Sensibilidade dos produtos ao calor.

[2] As caracterizações físicas.

[3] Quantidade de produtos a secar.

[4] Fonte de calor disponível.

Os equipamentos utilizados no processo de secagem dependem principalmente do calendário de produção. De acordo com isso, são utilizados dois métodos.

1. Secadores de lotes

2. Secadores contínuos

No caso do **secador por lotes**, um tamanho definido de lote de alimentação húmida é carregado no secador e a secagem é realizada durante um determinado período de tempo. Estes secadores funcionam em condições de estado instável. A secagem utilizando um secador por lotes é uma operação comparativamente dispendiosa e preferida para produção em pequena escala, instalações-piloto e utilizada para materiais valiosos.

No caso dos **secadores contínuos**, o material entra e sai continuamente e a secagem é efectuada em condições de estado estacionário. Estes são geralmente utilizados para produções em grande escala.

5.5 EQUIPAMENTOS:

Para a secagem de soluções diluídas, suspensões, lamas ou sólidos húmidos são utilizados diferentes equipamentos.

[1] Secador utilizado para soluções diluídas, suspensões e lamas:

I) Secador de tambor

II) Secador por pulverização

[2] Secador utilizado para sólidos húmidos:

I) Secador de tabuleiro

II) Secador de túnel

III) Secador rotativo

5.5 PORMENORIZA OS EQUIPAMENTOS DE VÁRIOS SECADORES:

[1] SECADOR DE TAMBOR:

Construção:

Consiste num tambor aquecido internamente a vapor que roda a cerca de 1 a 10 RPM. Um secador de tambor é constituído por um ou mais rolos metálicos que são aquecidos internamente por vapor. Os rolos têm normalmente 0,6 a 3,5 m de diâmetro e 0,6 a 5,0 m de comprimento. O tambor é submerso numa piscina de solução ou lama contida na calha. Para efeitos de agitação, ou seja, para evitar a sedimentação de sólidos, o agitador é incorporado na calha. A espátula é colocada num dos lados para regular a espessura da película da substância e a faca é colocada na outra extremidade para raspar o material seco. A campânula de vapor é colocada no topo do tambor para recolha e remoção da humidade.

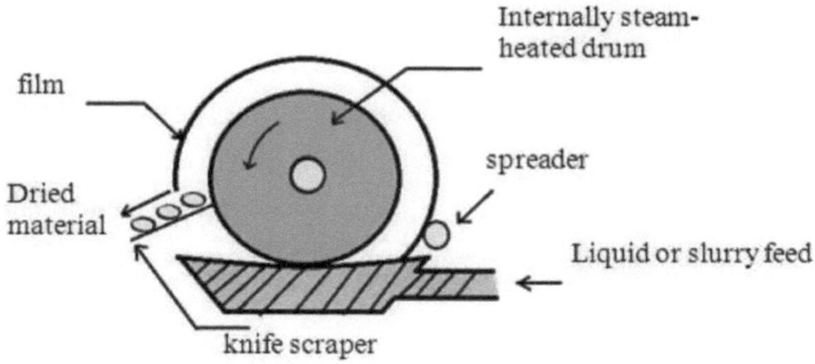

Figura 19: Diagrama clássico do secador de tambor

Trabalhar:

Um tambor de rotação lenta, aquecido a vapor, mergulha continuamente no material e recolhe-o, que fica retido na superfície do tambor sob a forma de uma película fina. A espessura desta película de material é regulada por meio de um espalhador.

Durante a rotação do tambor, o material é seco devido à transferência de calor do vapor de condensação através da parede metálica do tambor e da grande área de superfície.

Ao chegar à outra extremidade, o produto seco da operação é raspado pela faca. A humidade do material de alimentação vai para o exaustor de vapor.

Os secadores de tambor são normalmente fabricados em ferro fundido, aço ou materiais de liga.

A capacidade do secador de tambor é menor do que a do secador por pulverização, mas o seu custo é baixo.

O secador de tambor é adequado para o manuseamento de lamas ou pastas de sólidos em suspensão fina e para soluções diluídas ou soluções concentradas de materiais altamente solúveis. Estes não são adequados para a solução de sais com solubilidade limitada e para pastas de sólidos abrasivos com tendência para se depositarem.

[2] SECADOR DE PULVERIZAÇÃO:

É um secador contínuo de contacto direto utilizado para soluções, lamas e pastas. Neste secador, a alimentação é introduzida sob a forma de gotículas muito finas num fluxo de gás quente, ficando disponível uma grande área de contacto para uma secagem perfeita. A humidade da alimentação é evaporada e é adicionada ao gás quente.

Construção:

Os componentes essenciais do secador são a câmara de secagem, onde a alimentação entra em contacto com o gás quente (ar), o aquecedor para aquecer o ar fresco aspirado pela ventoinha ou pelo ventilador, os separadores ciclónicos para separação e recolha de poeiras, a conduta de transporte pneumático e o ventilador, que são montados. O material é normalmente espalhado sob a forma de gotículas finas por bicos de pulverização, discos de pulverização rotativos de alta velocidade num fluxo de gás quente no interior de uma câmara, como mostra a figura.

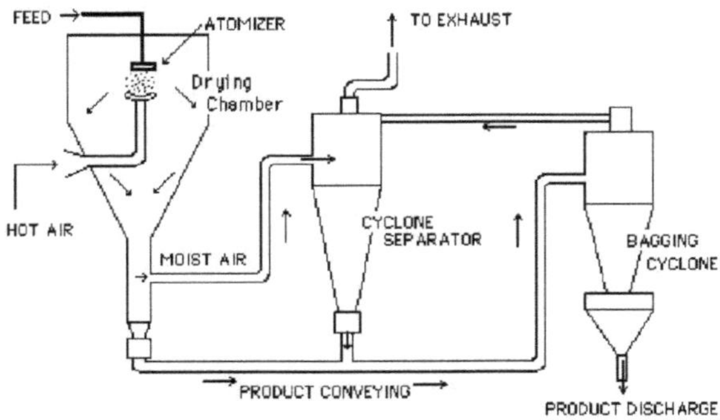

Figura 20: Diagrama clássico do secador por pulverização

Trabalhar:

A alimentação é bombeada para o topo do secador onde é desinfectada em pequenas gotas por um atomizador.

A grande quantidade de ar fresco é aspirada pelo ventilador, é aquecida no aquecedor e finalmente alimentada por baixo do atomizador na câmara de secagem.

Como a área de superfície das gotas é muito grande, a parte líquida destas gotas evapora-se rapidamente e, antes de tocarem no fundo da câmara de secagem, estão completamente secas.

Estes produtos secos são retirados e transportados para o coletor de poeiras do ciclone-2 através de uma corrente de ar.

A maior parte do ar retirado pela conduta de saída de ar, que contém sobretudo poeiras, é enviada para o ciclone-1. Os sólidos recolhidos por este ciclone -1 são enviados para a conduta de transporte pneumático. O ar que sai do ciclone-2 pode conter alguma poeira, pelo que é enviado para o ciclone-1, para posterior separação, por uma ventoinha.

O ar do ciclone-1 é expelido para a atmosfera por um ventilador. O produto seco do ciclone-2 é recolhido no coletor de produto seco.

Neste secador, há que ter o cuidado de evitar que as gotículas ou as partículas húmidas dos sólidos atinjam e colem nas superfícies antes de serem secas, pelo que são utilizadas grandes câmaras de secagem.

Vantagens:

Tempos de secagem curtos

Capacidade para manusear produtos sensíveis ao calor

Controlo do tamanho das partículas

Desidratações rápidas.

Desvantagens:

O baixo teor de sólidos pode suportar

Custos elevados de manutenção do equipamento de atomização

O produto acumula-se na parede interior da câmara de secagem, o que pode provocar perdas de produto.

Aplicação:

Estes tipos de secadores são maioritariamente utilizados nas indústrias de lacticínios, de corantes, de leite, de detergentes, de café e farmacêutica.

[3] SECADORES DE TÚNEIS:

O secador de túnel é uma modificação do secador de tabuleiro em que a estufa é substituída por um túnel.

O material sólido é submetido a uma extremidade e o material seco é recolhido na outra extremidade do túnel.

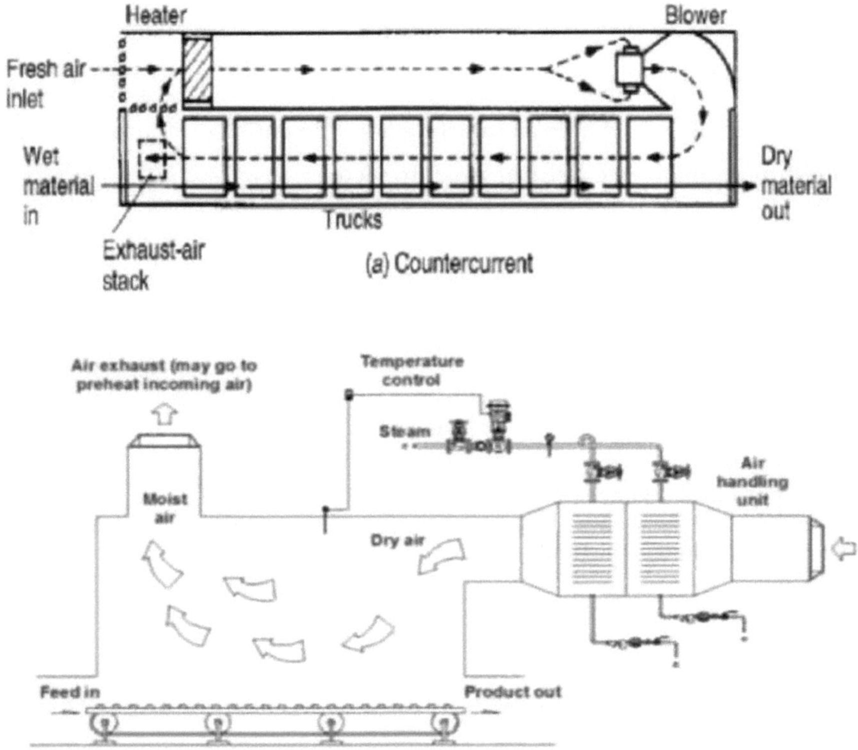

Figura 21: Diagrama esquemático do secador de tabuleiros

Os tabuleiros que contêm o material de despejo são carregados em camiões ou em transportadores de correia única ou múltipla, que se movem lentamente e em direção oposta ao fluxo de ar no sistema de transportadores de correia múltipla.

O material parcialmente seco que completou um círculo desloca-se automaticamente da extremidade do primeiro transportador para o segundo transportador. Desta forma, o produto pode deslocar-se sucessivamente, durante um período de tempo necessário, em contacto com o fluxo de ar quente que entra ao longo do túnel.

Em comparação com os secadores de tabuleiro, os secadores de túnel têm a vantagem de serem de funcionamento semicontínuo e contínuo e podem ser utilizados para produções em grande escala.

É frequentemente utilizado para a secagem de cerâmica, produtos cerâmicos, cera de parafina, etc., que requerem uma taxa de secagem lenta.

Aplicação:

Em laboratórios de investigação e no departamento de controlo de qualidade para secar fios de vidro e pequenos aparelhos.

Na secagem de materiais de embalagem, tampas de plástico, colheres, frascos para injectáveis, recipientes de vidro, etc.

Na esterilização de contentores.

Vantagens:

Em comparação com os secadores de compartimentos, os secadores de túnel têm a vantagem de funcionar em contínuo.

É possível secar uma grande quantidade de materiais.

Os secadores de túnel são utilizados para a secagem de cera de parafina, gelatina, sabão, cerâmica, etc.

Desvantagens:

Elevado custo de mão de obra para carga e descarga.

As substâncias termo-lábeis não podem ser secas.

A secagem da raiva é lenta, o que consome muito tempo.

Não é adequado para a produção em pequena escala.

Trata-se de um processo não agitado.

Não é possível a secagem de materiais líquidos.

Existe o risco de acidente quando as portas são abertas antes de parar a circulação do ar quente.

[4] SECADOR ROTARY:

Este tipo de secador, que pode ser direta ou indiretamente aquecido, é adotado para a secagem de material de fluxo livre em grande escala.

Construções e trabalho:

Consiste num invólucro cilíndrico oco com um diâmetro de 1 m a 3 m e um comprimento de 3 m a 30 m, colocado com o seu eixo num ligeiro ângulo em relação à horizontal, de modo a que o material avance através do secador de uma extremidade à outra.

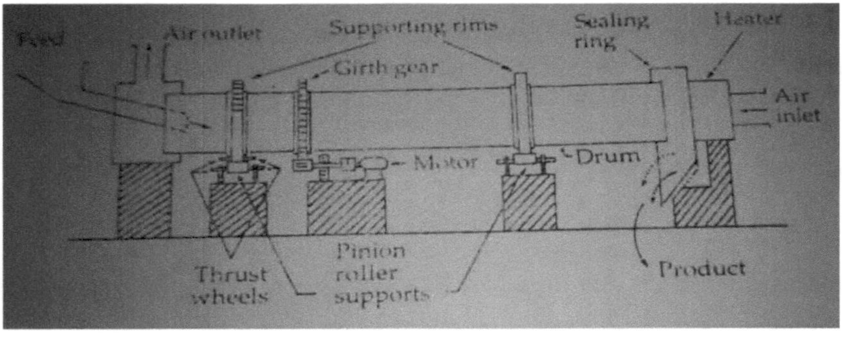

Figura 22: Secador rotativo de transferência direta de calor

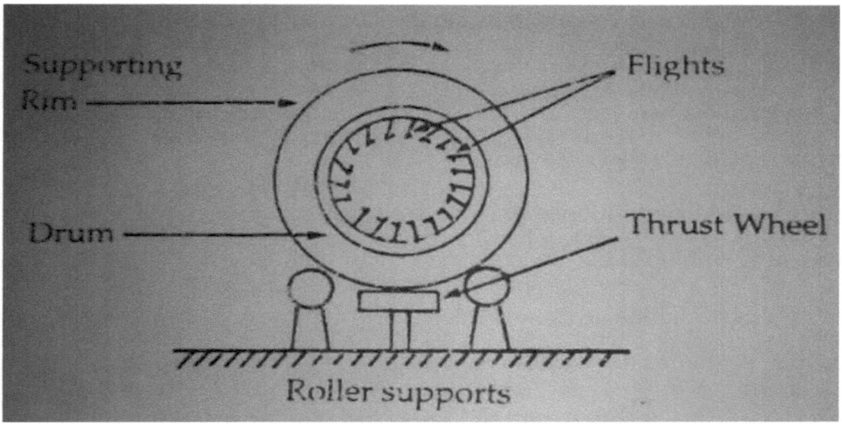

Figura 23: Secador rotativo, vista lateral

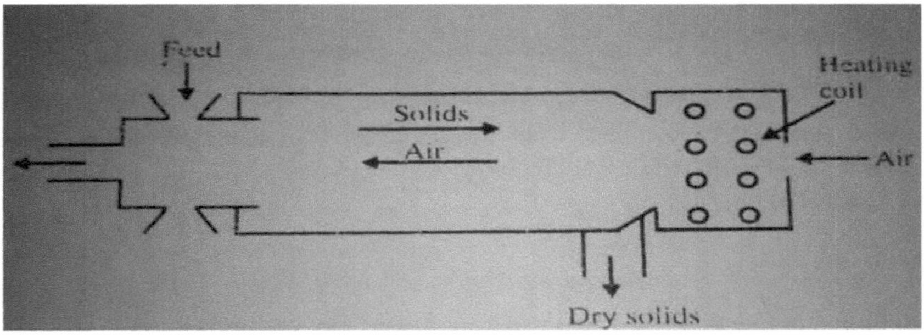

Figura 24: Vista esquemática do secador rotativo

É apoiado nos rolos de suporte para poder rodar. Para evitar o seu deslizamento sobre os rolos, está equipado com rodas de impulso.

O interior está equipado com asas que elevam o material para cima e o fazem cair a partir do topo. Perto da extremidade de alimentação, estão instalados alguns tubos em espiral que ajudam no movimento inicial do material para a frente, antes de serem atingidos os tubos principais.

O material a secar é alimentado na extremidade superior do secador através de uma tremonha e o produto é retirado da extremidade inferior do secador. O material move-se através do secador em virtude da rotação, do efeito do calor e da inclinação do invólucro cilíndrico.

O invólucro cilíndrico é rodado por um mecanismo de engrenagens a uma velocidade de 2 a 25 rpm. O ar é introduzido no secador a partir da extremidade do produto, é aquecido no aquecedor e, em seguida, move-se através do secador em contracorrente em relação ao material a ser seco.

A humidade da alimentação evapora-se e é adicionada ao meio de secagem e, finalmente, o ar húmido deixa o secador no final da alimentação.

Geralmente, um ar húmido de exaustão deixa o secador no final da alimentação. É utilizada uma ventoinha de exaustão para puxar o ar através do secador.

O modo normal deste secador é contínuo. Em caso de contacto direto, o gás quente é passado sobre o material em contracorrente e, em caso de contacto indireto, o calor é transferido através da parede do invólucro cilíndrico.

Vantagens:

Bom contacto com o gás

Tempo de secagem moderado

Baixo custo de capital

Elevada eficiência térmica

Maior flexibilidade de controlo da velocidade do gás

Tempo de secagem curto

Desvantagens:

Dificuldade em selar

Acumulação de produtos no interior das paredes

Tempo de permanência não uniforme

5.6 Referências:

1. . R. L. Earle, Unit Operations in Food Processing, publicado por NZIFST (Inc.)
2. https://en.wikibooks.org/wiki/Introduction_to_Chemical_Engineering_Proces

ses/Unit_Operation_Reference.

3. Arther Dehon Little, Scatter Acorns That Oaks May Grow [Espalhe bolotas para que os carvalhos cresçam]. Bibliotecas do MIT, 2013.

4. Arthur D. Little, William H. Walker e Warren K. Lewis". A química na história. Fundação do Património Químico, 2013.

5. Harry W. Von Loesecke, Some Unit Processes and Unit Operations in the Industrial Utilization of Agricultural Products, Economic Botany, 8, 2, 1954, 118-144, New York Botanical Garden Press. (http://www.jstor.org/stable/4287803).

6. R. Norris Shreve, Ind. Eng. Chem., 46 (4), 1954, 672-672. (DOI: 10.1021/ie50532a025)

7. Groggins P.H., Unit Processes in Organic Synthesis, Mc Graw Hill, 2001.

8. J. A. Brink, R. N. Shrieves, Chemical Process Industry, Mc Graw Hill, 1984.

9. Fierz, David, Fundamental Processes of Dye Chemistry, Blangey, Interscience Publishers, 1955.

10. Weissermal K, e Arpe H. J., Industrial Organic Chemistry, John Wiley, 1997.

11. Smith M.B., Organic Synthesis, Tata McGraw Hill, New York, 2nd Ed., 2004.

12. Lubs H.A., Robert E Krieger, Chemistry of Synthetic Dyes, Nova Iorque, 1995.

13. Clayden, Greeves, Warren, Organic Chemistry, Oxford Univ. Press, 2001.

14. Lubs H.A., Chemistry of Synthetic Dyes, Robert E Krieger Publishing Company New York, 1st Ed.1995.

15. Heinrich Zollinger, Color Chemistry: Syntheses, Properties and Applications of Organic Dyes and Pigments, Wiley-VCH, 2nd Ed, 1991.

INTRODUÇÃO DOS AUTORES:

Dr. Khushal M. Kapadiya

O Dr. Khushal Kapadiya obteve o grau de Mestre (2011) e de Doutor (2016) em Química Organo-farmacêutica na Universidade de Saurashtra, Rajkot (Gujarat-Índia). Depois do mestrado, trabalhou na INTAS pharmaceutical LTD, Ahmedabad, como investigador associado e, em seguida, ingressou no doutoramento. O seu trabalho de investigação centrou-se principalmente na modelação e conceção de diversas estruturas, em especial MCR e química baseada na reação de acoplamento. Ingressou no Shree Matrumandir Science College como professor convidado durante o seu doutoramento. É autor de mais de 15 artigos em revistas nacionais e internacionais. Entrou para a Escola de Ciências da Universidade RK - Rajkot, como professor em 2016. Colaborou com o NIH (E.U.A.) e o NAIAD (E.U.A.) no rastreio dos seus compostos para descobrir potentes agentes farmaceuticamente activos.

Menina Jyoti Gohel

Menina. Jyoti Gohel entrou para o seu doutoramento no Departamento de Química da Universidade de Saurashtra, Rajkot (Gujarat - Índia) em 2016. Concluiu o seu mestrado em 2014 no Instituto Atmiya de Ciência e Tecnologia. Tem uma grande base prática e teórica no domínio da química. Tem mais de três anos de experiência de ensino na Faculdade de Ciências de Virani e na Faculdade de Ciências de Matrumandir, Rajkot, como professora assistente. Tem também uma boa experiência industrial no laboratório BAN de Rajkot (Gujarat - Índia).

MIX
Papier aus verantwortungsvollen Quellen
Paper from responsible sources
FSC® C105338

Printed by Books on Demand GmbH, Norderstedt / Germany